MÉMOIRE
SUR LES
POMMES DE TERRE
ET SUR
LE PAIN ŒCONOMIQUE.

MÉMOIRE
SUR LES
POMMES DE TERRE
ET SUR
LE PAIN ŒCONOMIQUE,

Lu à la Société Royale d'Agriculture de Rouen, par M. Mustel, Chevalier de l'Ordre Royal & Militaire de Saint Louis, Associé.

Parcimonia, lucrum.

A ROUEN,
De l'Imprimerie de la Veuve Besongne, Cour du Palais.

M. DCC. LXVII.
AVEC PERMISSION.

AVERTISSEMENT.

LA Société royale d'Agriculture de Rouen s'étoit interdit l'usage de publier séparément aucune de ses productions, avant qu'elles eussent paru dans ses volumes; mais le Mémoire suivant ayant été annoncé dans les Papiers publics sans l'aveu de l'Auteur & de la Société, elle a cru devoir s'écarter des regles qu'elle s'étoit prescrites en faveur d'un objet qui intéresse la subsistance des

Hommes, & qui a excité l'empressement des vrais Citoyens. Cependant on ne doit considérer cet Ouvrage que comme un premier essai. La Société se propose de présenter ce même objet avec plus d'étendue dans les observations & les recherches dont il est susceptible. On y joindra des planches gravées qui faciliteront l'intelligence des instrumens indiqués pour la culture des Pommes de terre & la manipulation du Pain œconomique.

MÉMOIRE
SUR LES
POMMES DE TERRE
ET SUR
LE PAIN ŒCONOMIQUE.

PREMIERE PARTIE.

Différentes especes de Pommes de terre, leur culture, leur usage.

ES Naturalistes distinguent en plusieurs especes, la Plante connue sous le nom générique de *Pomme de terre*. Les Agronomes trompés par ſes différentes dénominations dans les Pays où elle eſt cultivée, ont cru que ſes variétés étoient plus nombreuſes qu'elles ne ſont en effet. Le *Grundbir* d'Allemagne, le *Potàtoc* d'Angleterre, la *Pomme de terre* de France ſont la même choſe. Ces mépriſes ont répandu de la confuſion dans les idées & ont dégoûté de la culture de cette Plante. Pour les prévenir, nous devons diſtinguer & définir les trois eſpeces vraiment différentes; la *Patate, la Pomme de terre & le Topinambour.*

LA *Patate* eſt un *Convolvulus* que nous ne connoiſſons que par les Naturaliſtes & les Voyageurs. Elle ne croît que ſous la Zone torride & ne peut réuſſir dans nos Climats tempérés.

La Pomme de terre, *Solanum tuberoſum eſculentum* G. B. P. eſt une Plante originaire du Chilly. Les Amériquains naturels l'apellent *Papas*. Il eſt étonnant que les Européens n'en aient fait uſage qu'au commencement du dix-ſeptieme ſiecle. Les Irlandois furent les premiers qui la cultiverent. De l'Irlande elle paſſa en Angleterre, en Flandre, en Hollande, en Allemagne, en Suiſſe où elle s'eſt tellement multipliée, qu'elle eſt devenue la nourriture des deux tiers du peuple. On la cultive auſſi en Alſace, en Lorraine, dans le Lyonnois & quelques autres Provinces de la France.

Cette Plante, ſelon M. Duhamel, pouſſe pluſieurs tiges de deux ou trois pieds de hauteur, groſſes comme le doigt, anguleuſes, un peu velues; elles penchent de côté & d'autre & ſe diviſent en pluſieurs rameaux qui partent des aiſſelles des feuilles qui ſont conjuguées & compoſées de pluſieurs folioles d'inégale grandeur. A l'extrémité de ces rameaux, qui eſt d'un verd terne, il ſort des aiſſelles des feuilles qui y ſont placées des bouquets de fleurs, formées d'un calice diviſé en cinq parties, d'un pétale qui repréſente une étoile de couleur gris de lin. Les étamines jaunes & raſſemblées au centre, forment par leur réunion une eſpece de clou. Le piſtil ſe change en une groſſe baie charnue qui devient jaune en mûriſſant & dans laquelle ſe trouve quantité de ſemences. Cette *Plante* pouſſe en terre, vers ſon pied un grand nombre de groſſes racines tubéreuſes qui reſſemblent en quelque façon à un rognon de veau. Sur la ſuperficie de ces racines on aperçoit des trous d'où ſortent les tiges & les racines chevelues qui nourriſſent la Plante & qui donnent naiſſance à de nouvelles Pommes. Il y a de ces Pommes dont la peau eſt d'un rouge de pelure d'oignon, d'autres ſont d'un jaune pâle, d'autres ſont preſque blanches. Mais la pulpe étant la même, le goût & les propriétés étant à peu près ſemblables, on ne peut pas en faire des eſpeces différentes, quoique la couleur de la peau & la forme du fruit varient, il n'y a point de différence caracthériſtique dans les feuilles ni dans les parties de la fructification.

La Pomme de terre eſt nourriſſante, légere & facilite le ſommeil; c'eſt un excellent antiſcorbutique.

Le Topinambour *Heliantemum tuberoſum indicum, ſive Corona ſolis tuberoſâ radice INST.*

Cette Plante forme une tige plus ou moins groſſe ſelon le terrein où elle croît. J'en ai vu de deux à trois pouces de diametre & de plus de douze pieds de hauteur. L'écorce en eſt verte, rude au toucher. Des différens points de cette tige ſortent des feuilles larges vers la queue & qui ſe terminent en pointe ; elles ſont d'un verd foncé, rudes au toucher : du haut de la tige il croît des boutons qui en s'épanouiſſant, produiſent des fleurs radiées comme le tourneſol ou ſoleil des jardins, mais plus petites & rarement elles portent graine en France. Au pied de cette Plante on trouve en terre de gros tubercules d'un rouge verdâtre & de figure irréguliere, dont cependant la plupart reſſemble aſſez à nos Poires, ce qui les fait nommer *Poires de terre*.

CETTE Plante eſt originaire de l'Amérique ſeptentrionale. Elle n'a pas les mêmes propriétés que celles de la Pomme de terre, elle a beaucoup plus de crudité & un goût d'artichaux qui ne plaît pas également à tout le monde.

LA Poire de terre produit plus abondamment que la Pomme, s'accommode mieux de toute ſorte de terrein, n'exige preſque point d'engrais ni de préparation. J'en ai vu réuſſir dans un ſol ſabloneux & aride où des Pommes de terre que j'avois planté à côté périrent toutes.

LE *Topinambour* a encore d'autres

avantages, les beſtiaux en mangent les feuilles, on prétend même que les vers à ſoie pourroient s'en nourrir. Son écorce préparée comme celle du chanvre peut ſervir aux mêmes uſages. J'en ai fait des cordes très-fortes; ſes tiges groſſes & ligneuſes brûlent très-bien, & ſeroient une reſſource dans les pays où le bois eſt rare. Sa moëlle peut ſervir à faire des méches, comme celle du ſureau.

La Pomme de terre beaucoup plus délicate que le *Topinambour* ne réuſſit pas également par-tout & ſes productions ſont toujours proportionnées à la bonne ou mauvaiſe qualité du ſol, au plus ou moins d'engrais qu'on lui donne & dont elle ne peut ſe paſſer. Il eſt vrai qu'elle enrichit le cultivateur ; car non-ſeulement ce légume eſt celui de tous qui rend le plus à l'induſtrie humaine en proportion de ce qu'il en reçoit, mais encore les ſoins que l'on ſe donne pour ſa culture & & les frais qu'elle exige, ſont amplement récompenſés par la récolte du froment que l'on ſéme enſuite. Cette Plante n'épuiſe point le ſol. Les Anglois & les Allemands recueillent de très-beaux bleds ſur les terres où ils l'ont cultivée. Leurs méthodes ſont différentes, mais les réſultats ſont également heureux.

Les Allemands donnent d'abord un

ou deux labours à la terre & vers la fin d'Avril ils y répandent du fumier qu'ils enfouiſſent par un labour plus profond : en quelques cantons on traverſe à plat & on herſe ; enſuite ſoit avec la charrue ſoit avec des houes, on ouvre des ſillons de cinq à ſix pouces de profondeur diſtants l'un de l'autre d'environ deux pieds : c'eſt dans ces ſillons que l'on dépoſe les Pommes de terre, entieres ſi elles ſont très-petites, ou coupées par tronçons ; de façon cependant qu'il y ait un ou deux yeux à chaque morceau, enſuite on les recouvre : c'eſt ordinairement l'ouvrage des femmes & des enfans qui jettent ces morceaux de Pomme de terre dans le ſillon à environ ſix pouces de diſtance.

LORSQUE les tiges ſe ſont élevées d'un demi-pied, on fouille la terre entre les rangées pour les rechauffer, & l'on répete encore la même opération quand elles ont atteint douze ou quinze pouces, ayant ſoin de ne pas couvrir celles qui ſe couchent. Plus le champ a de profondeur, plus l'on trouve de terre pour ce rechauffement, & la récolte eſt meilleure.

VERS la fin de Septembre on fauche les feuillages que l'on donne aux beſtiaux. Cette opération ſert auſſi à faire groſſir les racines.

En Octobre & Novembre on fait la récolte. Les Pommes de terre se gardent pendant l'hyver dans des souterreins où elles puissent être à couvert & préservées des fortes gelées. Il est mieux de ne les pas mettre en tas les unes sur les autres. Vers la fin d'Avril les yeux s'enflent & poussent peu après.

Si l'on veut conserver les Pommes de terre pendant tout l'été, il faut les exposer au soleil qui les flétrit, & en détruit le germe, on les met ensuite dans des greniers aërés. Elles reviennent en peu de tems dans leur état naturel, en les mettant tremper dans de l'eau chaude.

La méthode Angloiſe eſt plus pénible & plus diſpendieuſe au tems de la plantation : mais elle n'eſt précédée ni ſuivie d'aucun autre travail. On fait dépoſer en tas le long du champ la quantité de fumier peu conſommé que l'on y deſtine ; on ouvre à l'une de ſes extrémités une tranchée d'environ trois pieds de largeur & d'un pied de profondeur. La terre qui ſort de cette excavation eſt tranſportée à l'autre extrémité du champ ; on remplit le fonds de cette tranchée de fumier, que l'on diſtribue également de l'épaiſſeur d'environ trois pouces, enſuite on fait à côté & du même ſens, c'eſt-à-dire dans toute l'étendue de la largeur du champ, une autre tranchée de la même profondeur, & la terre qui ſort de celle-ci eſt rejettée ſur le fumier que l'on a mis dans la premiere, & ſert à la combler. On garnit pareillement de fumier le fond de cette tranchée & on la remplit des terres qui ſortent de celle que l'on fait à côté, & ainſi ſucceſſivement juſqu'à l'extrémité du champ, où la derniere tranchée eſt comblée par les terres de la premiere qui ont été tranſportées pour cet effet. Au moyen de cette opération toute l'étendue du champ ſe trouve garnie à un pied de profondeur d'un lit de fumier de trois pouces d'épaiſſeur; c'eſt ſur ce lit que l'on plante les Pommes de terre avec un piquet qui facilite & accélere ſingulierement l'opération,

Ce piquet ou plantoir eſt un morceau de bois rond, de trois pieds & demi de longueur, droit comme le manche d'une bêche, mais inégal dans ſon étendue. La partie d'en bas, renforcée & taillée en pointe, eſt armée & couverte d'un fer de la forme d'un cône tronqué & renverſé, dont la baſe a trois pouces de diamêtre ; celui de la partie tronquée n'a que quinze à ſeize lignes ſeulement. Ce fer doit avoir dans toute ſa longueur neuf pouces, immédiatement au deſſus eſt une forte cheville quarrée fermement attachée à angle droit au manche au moyen d'une mortaiſe, & dans la même direction que la piece qui eſt en croix ou double poignée à l'extrémité de ce manche.

Un homme tenant de chaque main chaque partie de la poignée de ce plantoir & apuyant du pied droit ſur la cheville, fait des trous ſans être obligé de ſe courber & avec la plus grande cérélité.

Cet homme eſt ſuivi d'un autre qui jette les Pommes de terre dans les trous qu'on remplit avec le rateau ou tout autre inſtrument.

Non-seulement cette cheville ſert à enfoncer le piquet avec le pied, mais encore à régler à neuf pouces la profondeur des trous, ce qui met la Pomme de terre ſur la ſuperficie du fumier. Ces trous ſe font ſur la même ligne de neuf en neuf pouces, & on laisse dix-huit pouces de distance entre chaque ligne ou rangée.

CETTE méthode n'exige aucuns labours ni avant, ni après: on ne rechausse point & il n'est besoin que de purger le champ des mauvaises herbes, soit en sarclant, soit en serfouissant; mais l'opération qui précéde la plantation telle que je viens de la détailler, est longue, & celle de la récolte est aussi plus difficile, attendu qu'il faut fouiller tout le terrein à un pied de profondeur pour en tirer les Pommes, au lieu que selon la méthode allemande il n'est question que de gratter avec un crochet ou avec une fourche de droite & de gauche le ſillon qui a été élevé par le rechauſſement. La récolte s'en fait plus facilement & il en reſte beaucoup moins en terre, ce qui eſt de grande conſidération, car elles nuiroient autant que des mauvaiſes herbes aux productions de l'année ſuivante.

L'UTILITÉ des Pommes de terre eſt généralement reconnue dans tous les pays que j'ai cités ; elles ſervent également à la nourriture des hommes & des beſtiaux, & un cultivateur aimeroit mieux voir manquer toute autre récolte. Les pauvres en mangent par néceſſité, & les riches par goût. J'en ai vu ſervir en Allemagne, aſſaiſonnées de différentes façons, sur la table des Princes, où l'on auroit dédaigné de servir des feves ou d'autres légumes semblables, tant les usages, les opinions & les goûts sont différents parmi les hommes.

Il n'y a point de Militaire qui ne sçache combien ce légume a puissamment contribué à la subsistance de nos armées en Allemagne. Les Soldats & même les Officiers en mangeoient dans leurs soupes, & apprêtées de différentes façons. Il n'y avoit guere de feux aux gardes de nos armées où les Soldats n'en fissent cuire pour les manger toute la nuit. La preuve la plus certaine que ce légume est sain & de facile digeſtion , c'eſt que , malgré les excès qu'ils en faiſoient, ils n'en étoient point incommodés.

DANS les pays où l'on cultive les Pommes de terre, ceux des habitans qui ne ſont point en état de ſe procurer d'autres nourritures , les mangent cuites dans l'eau ou dans les cendres chaudes ; d'autres les aſſaiſonnent avec du beurre ou du laitage ; ceux qui peuvent avoir de la viande, ſurtout du lard, les font cuire enſemble après les avoir pelées, & pour lors on en fait d'aſſez bons pôtages , & elles en ont plus de ſaveur.

CE légume apprêté en différens

ragoûts avec les viandes, & même plusieurs especes de poisson, tel que le Cabéliau & la Morue, est plus délicat & plus sain que nos navets qu'on estime peu dans les pays où l'on fait usage des Pommes de terre.

On en nourrit avec succès les chevaux, les vaches, les moutons, les cochons : on les fait cuire les premieres fois qu'on leur en donne ; mais lorsqu'ils y sont accoutumés, ils les mangent très-bien toutes crues.

Il en est de même de la volaille en général. Les poules, pigeons, dindons, canards, &c. les mangent avec avidité, & s'engraissent avec cette seule nourriture.

DE tous les uſages auxquels on peut employer les Pommes de terre, le plus véritablement utile eſt celui d'en faire du pain, ſelon la méthode que j'ai imaginée ; j'en vais détailler les procédés : heureux ſi leurs effets peuvent contribuer à l'utilité publique !

PAIN ŒCONOMIQUE.

DEUXIEME PARTIE.

Calcul des Profits.

EPUIS que j'ai imaginé de faire du pain avec des Pommes de terre & de la farine de froment, les Ouvrages de M. Duhamel m'ont appris qu'on peut tirer de ce légume une farine très-blanche, & propre au même usage *. Il seroit à desirer que ce sçavant observateur, qui mérite notre confiance à tant de titres, se fût plus étendu sur ce sujet, & en eût indiqué la méthode : ses lumieres m'auroient guidé ; je ne serois pas arrêté par une difficulté que j'y trouve. Il n'est pas aisé de concevoir comment on parvient à réduire en farine ce légume naturellement aqueux & sans consistence ;

* Lorsque j'ai lu ce Mémoire à la Société, elle m'a averti que M. Dumesnil-Côté & M. Richard, Recteur d'Arton en Bretagne, lui avoient communiqué leur expérience sur le même objet. Celui-ci a fait du pain avec la pulpe de la Pomme de terre cuite dans de l'eau, & un tiers de farine de seigle.

tence ; ce n'eſt vraiſemblablement qu'en le deſſéchant au point de lui faire perdre beaucoup de ſa ſubſtance & de ſa qualité. Ma méthode, en épargnant les inconvéniens de la deſſication, les frais & les embarras du moulin, me donne le produit des Pommes de terre, ſans rien perdre de leur fraîcheur & de leur ſuc ; elle conſiſte à réduire ces Pommes en bouillie. Je m'étois ſervi d'abord d'une rape à ſucre, mais conſidérant que ce moyen occaſionnoit une grande perte de tems & de matiere, voici la machine que j'ai inventée.

C'EST une eſpece de varlope renverſée, portée ſur quatre pieds, telle que celle des Tonneliers, qu'ils appellent *Colombe* : le fût a ſix pouces de largeur ſur trois à quatre pieds de longueur, & trois à quatre pouces d'épaiſſeur : le fer doit avoir quatre pouces ſix lignes de largeur, placé comme tous les fers de varlope ordinaire, mais un peu moins incliné ; il laiſſe neuf lignes de bois de chaque côté ; la lumiere, c'eſt-à-dire, l'eſpace vuide entre le fer & le bois ne doit avoir que deux à trois lignes.

SUR cette varlope on met une eſpece de petit coffre ſans fonds de la même largeur que le fût, de quinze à ſeize pouces de longueur, & de huit à neuf pouces de hauteur. Les planches d'aſſemblage de ce petit coffre ne doivent avoir que huit lignes d'épaiſſeur ; c'eſt-à-dire, un peu moins que le plein du fût de chaque côté du fer, ſur chaque côté long de ce coffre eſt clouée extérieurement une planche qui déborde en deſſous de douze à quinze lignes. Ces planches ſervent à embraſſer la colombe, & à aſſurer ainſi la direction du coffre, lorſqu'on le met en mouvement, & pour la mieux aſſurer encore il eſt bon d'attacher vers le milieu de ces planches dans toute leur longueur, une petite tringle de quatre à cinq lignes de largenr & de même épaiſſeur. Cette tringle engagée, mais librement, dans une rainure de pareille l'argeur & profondeur, pratiquée dans le fût de chaque côté, tient toujours le coffre fixé ſur la colombe, & l'empêche de ſe déranger en travaillant. Un bout de cette colombe forme une ſellette ſur laquelle le travailleur s'aſſeoit comme à Cheval, ce qui rend l'opération plus commode, & ſert encore à mieux aſſurer la poſition de cette ſellette. On remplit à peu près aux trois quarts ce coffre de Pommes de terre que l'on a pellées auparavant, & on les couvre d'une planche un peu peſante & moins grande en tous ſens que l'intérieur du coffre. Pour donner le poids néceſſaire à cette planche, on la ſurcharge de plomb; elle doit être percée de pluſieurs trous, pour laiſſer paſſage à l'eau que l'on verſe de tems en tems ſur les Pommes, pendant l'opération pour la faciliter.

Au moyen de deux chevilles, ou mains placées de chaque côté du coffre, on l'agite, en pouſſant en avant & retirant à ſoi. La planche qui peſe ſur les Pommes contenues dans ce coffre, les aſſujettit au fer, & ce qui s'en trouve grugé à chaque coup de main, tombe par la lumiere en bouillie fine que reçoit un vaſe placé deſſous.

La planche baiſſe à meſure que le volume des Pommes diminue, & l'on n'attend pas qu'il n'en reſte plus dans le coffre pour le remplir, ce que l'on fait ſucceſſivement juſqu'à ce que l'on ait préparé la quantité dont on a besoin. Ce travail n'eſt ni long, ni pénible.

J'AI dit que l'on pele les Pommes de terre avant de les rapper, c'eſt afin que le pain ſoit plus blanc & plus délicat; mais cette attention n'eſt pas abſolument néceſſaire. Il n'en réſulteroit jamais la même différence qu'il y a du pain blanc au pain bis de froment, car la proportion de l'épiderme à la pulpe de cette groſſe racine, n'eſt pas à beaucoup près la même que celle de l'écorce d'un grain de bled au peu de farine qui y eſt contenue. Si l'on vouloit faire une grande quantité de ce pain & qu'on n'y recherchât pas une blancheur ni une délicatesse extrême, on épargneroit le tems & la peine de cette opération, qui d'ailleurs ne peut se faire sans perte. Il n'est pas plus nécessaire de faire cuire les Pommes. Etant rappées toutes crues, le pain n'en est pas moins bon. J'ai même remarqué que la bouillie faite de ces Pommes fraîches ne s'incorpore que mieux avec la farine de froment. On y joint telle quantité que l'on veut de cette farine, selon l'abondance ou la rareté du bled, & le plus ou moins de qualité que l'on veut donner à ce pain. Avec un tiers de farine & deux tiers de Pommes de terre on fait du pain très-mangeable à parties égales le pain est bon; & si l'on met deux tiers de farine ſur un tiers de Pommes, le pain eſt tel qu'il eſt difficile de s'appercevoir qu'il n'eſt pas de pur froment.

Ce mêlange étant fait, on paîtrit avec du levain ordinaire & en même quantité que l'on a coutume d'en mettre. Il faut peu d'eau, puiſque cette bouillie en contient preſqu'autant qu'il eſt néceſſaire. Cette pâte leve très-bien ; on en fait des pains plus ou moins grands que l'on met cuire au four à l'ordinaire, obſervant de ne le pas tant chauffer. Un trop grand dégré de chaleur brûleroit ce pain, ou tout au moins le rendroit noir à l'extérieur, quoique l'intérieur n'en fût pas moins blanc. Il se fait une transsudation considérable sur la surface, qui étant frappée d'une grande chaleur, la noirciroit ; & comme d'ailleurs ce pain n'exige pas une si forte cuisson, il faut moins chauffer le four, & c'est encore une œconomie.

AVEC cette attention on aura de fort beau pain, qui ne différera point en apparence du pain de froment. Il est léger, très-blanc & de bon goût. La grosse farine qui ne donneroit que du pain bis, étant mêlée avec les Pommes de terre, donne du pain plus blanc qui a l'avantage de se conserver frais bien plus long-tems que le pain de froment. J'en ai gardé pendant quinze jours : il étoit encore bien mangeable, & tel que feroit le pain ordinaire après cinq ou fix jours de cuiffon. On peut s'en fervir de même dans le potage.

Ceux qui connoiffent les bonnes qualités de la Pomme de terre, ne peuvent douter que ce pain ne foit très-fain. De quelle reffource ne feroit-il pas dans les tems de difette? & pourquoi n'en feroit-on pas toujours ufage dans les campagnes, les Communautés peu riches, les Hôpitaux, &c. où l'on ne mange fouvent que du pain de mauvais grains?

Des Curés, des Seigneurs de Paroiffes qui font des diftributions de pain aux pauvres, trouveroient de l'avantage à donner de celui-ci. Ils doubleroient leur aumône, ſans augmenter la ſomme qu'ils y deſtinent, où ils en réſerveroient la moitié pour d'autres beſoins. Ces pauvres n'en ſeroient ni moins bien nourris ni moins ſains. Il reſte à conſidérer & à calculer les profits qui en réſultent.

IL eſt reconnu qu'un arpent de terre qui produiroit douze cens livres peſant de froment, en peut produire vingt mille peſant de Pommes de terre. Il s'enſuit que ſi une livre de farine valoit trois ſols, une livre de Pommes de terre ne devroit valoir que deux deniers. Suppoſons que la livre de pain ordinaire coûte deux ſols , une livre de pain fait avec moitié Pommes de terre & moitié farine de froment, ne coûteroit qu'un ſol & deux deniers : mais comme il faut obſerver qu'une livre de Pommes crues a perdu au moins un quart de ſon poids, après la cuiſſon du pain, la livre de ce pain pourroit être évaluée à un ſol & trois deniers.

AINSI ce ſeroit d'abord neuf deniers de gagnés par livre, ce qui peut faire un objet d'œconomie conſidérable ſur une grande quantité, encore eſt-ce un calcul au plus haut. Premierement on peut faire du pain très-mangeable à moins de partie égale de farine. La quantité de Pommes de terre que j'évalue à trois deniers, peut dans le vrai être comptée pour rien par celui qui cultive cette plante dans une portion de terre ſouvent inutile. On eſt dédommagé des frais de la culture par le vert que l'on fauche, que les chevaux & ſur-tout les vaches mangent très-bien. Les engrais qu'on y met, vont au profit de toute autre eſpece de production qu'on y veut cultiver enſuite.

On doit de plus conſidérer que la Pomme de terre met le Cultivateur en état d'avoir un plus grand nombre de beſtiaux qu'elle nourrit de ſes tiges & de ſes racines, par ce moyen elle lui procure plus d'engrais; ainſi ceux qu'elle consomme n'en sont qu'une espece de restitution qui, comme je l'ai dit, tourne encore au profit de la production qui lui succede.

Les terres qu'on laisse en jacheres peuvent être employées à cette culture, qui améliorera celle du bled; la façon n'en sera point retardée, puisque ces Pommes se tirent de terre en Octobre & Novembre & que ce n'est qu'alors que l'on seme le froment. La terre déjà bien disposée par leur récolte n'exigera qu'un labour.

Un Cultivateur peut donc compter que les Pommes de terre ne lui coûteront presque rien & qu'il épargnera la moitié ou le tiers ſur le prix du pain qui en ſera compoſé.

TANT d'avantages reconnus doivent faire eſpérer que la culture des Pommes de terre ſi précieuſe à tous les peuples qui la ſuivent, ne ſera plus négligée dans pluſieurs Provinces de France & ſur-tout en Normandie, où cette plante eſt preſque ignorée ou mépriſée par préjugé.

ON pourra adopter, ſelon la nature du ſol, la méthode Allemande ou l'Angloiſe. Je penſe que dans les terres légeres ou qui auroient peu de fond, la premiere doit être préférée ; ou ſi l'on ſuivoit la derniere, au lieu de creuſer les tranchées d'un pied, on en réduiroit la profondeur à ſept ou huit pouces; mais alors on ne pourroit ſe diſpenſer de rechauffer au moins une fois.

Les obſervations que j'ai rapportées ſur la culture & l'uſage des Pommes de terre étoient déjà connues. Je n'ai d'autre mérite que d'en avoir raſſemblé les détails pour les indiquer à mes compatriotes: mais la maniere d'en faire du pain, telle que je l'ai expoſée, n'avoit point encore été pratiquée. Les divers eſſais que j'en ai préſentés à la Société, ont eu ſon approbation, & l'uſage que j'en ai fait, m'a convaincu de ſes bonnes qualités.

On

On ſe feroit illuſion, ſi l'on craignoit que cette reſſource ſi utile aux pauvres, pût avilir le prix du bled.

Toutes les Provinces de France ne ſont pas, à beaucoup près, également riches en cette production de premiere néceſſité. On ſçait que c'eſt par la voie des marchés qu'elle ſe trouve pouſſée & tranſportée ſucceſſivement & enfin répandue dans tout le Royaume, à raiſon de la quantité & des beſoins des habitans de chaque lieu.

En ſuppoſant qu'au moyen de l'uſage du pain de Pommes de terre en Normandie, on y conſommât un quart de bled moins qu'auparavant, il me ſemble qu'au moyen de l'exportation extérieure & de la circulation intérieure de cette denrée, il rentreroit en Normandie un quart d'argent de plus; & quand le prix du bled en recevroit quelque diminution, les Cultivateurs & les Fermiers n'en ſeroient pas plus pauvres, & n'en ſouffriroient pas. Ils en conſommeroient beaucoup moins qu'à l'ordinaire; ils en vendroient par conſéquent davantage, & ils retrouveroient au moins par cette œconomie ce qu'ils pourroient perdre ſur le prix. Loin qu'il en puiſſe naître quelques inconvéniens, il ſeroit facile d'en démontrer les avantages généraux. La ſubſiſtance devenue plus abondante, augmenteroit la population dont elle eſt la juſte meſure. Une grande population fait la ſûreté, la richeſſe & la gloire d'un Etat.

APPROBATION.

J'AI lu par ordre de Monſeigneur le Vice-Chancelier un Manuſcrit intitulé : *Mémoire ſur les Pommes de terre & ſur le Pain œconomique* ; je n'y ai rien trouvé qui puiſſe en empêcher l'impreſſion. A Rouen ce 6 Mai 1767. *Signé*, YART.

www.ingramcontent.com/pod-product-compliance
Ingram Content Group UK Ltd.
Pitfield, Milton Keynes, MK11 3LW, UK
UKHW022137170726
13837UKWH00004B/1617